AF461981

BIBLIOTHÈQUE DES ACTUALITÉS INDUSTRIELLES, N° 81

CONSERVATION DES BOIS

SÉCHAGE RAPIDE

IMPUTRESCIBILITÉ ET ININFLAMMABILITÉ

DES BOIS

PAR

PAUL DUMESNY
Ingénieur-Chimiste.

PARIS
Librairie Bernard TIGNOL
PUBLICATIONS DE LA
LIBRAIRIE DE L'ÉCOLE CENTRALE DES ARTS & MANUFACTURES
53 *bis*, Quai des Grands-Augustins, 53 *bis*

1902

SÉCHAGE RAPIDE

Imputrescibilité et Ininflammabilité

DES BOIS

Parmi les questions les plus importantes d'économie publique, il en est une qui peut prendre place au premier rang : c'est la conservation du bois.

Depuis longtemps nos forêts sont insuffisantes et la grande quantité de bois consommée en France, nous rend tributaires de l'étranger ; un défrichement inconsidéré des forêts, réduit de plus en plus la surface livrée à la sylviculture, quand, dans ce même temps et en sens inverse, se développe la consommation du bois dans les constructions ou dans les arts et cela à tel point que le prix du bois tend à s'élever constamment.

Ces quelques considérations montrent combien est intéressant le problème de la longue conservation du bois, un grand nombre d'industries faisant de cette matière première un usage considérable. Cette question résolue incomplètement autrefois par la seule dessiccation du bois et leur recouvrement au moyen d'enduits destinés à empêcher l'air et l'humidité de pénétrer dans les pores, a donné lieu à de nombreuses recherches, ayant toutes pour base l'introduction de liquides antiseptiques dans l'intérieur du bois à conserver.

Le bois après abatage, soit en grume, soit débité, exposé à l'air, à l'humidité et aux variations de température, ne tarde pas comme on le remarque à se décomposer ; il se détruit également lorsqu'il est enfoui sous terre ou plongé dans l'eau. Mis à sécher à l'air libre, le bois débité en planches, se *voile* et se *gerce* et donne alors un déchet considérable ; enfin à 300° tous les bois secs ou conservés par des liquides antiseptiques sont carbonisés sans production de flamme ; mais portés au rouge ou soumis à l'action d'un corps enflammé comme dans un incendie, les pièces de bois sont complètement détruites, même si elles sont recouvertes d'un badigeon convenable opposant au feu une certaine résistance. D'où la multitude de procédés mis en pratique depuis plus d'un siècle pour augmenter la durée des bois ouvrés.

Rappelons en quelques mots ce qu'est le bois, les propriétés de ses principaux composants ainsi que les causes intéressantes de leur rapide altération.

Les bois sont formés essentiellement de deux matières différentes : l'une prédominante, le *ligneux* et l'autre liquide ,la *sève*. 1° le ligneux formé de cellulose, c'est-à-dire, au point de vue élémentaire de carbone, d'oxygène et d'hydrogène ; ce tissu organique constitue la charpente du végétal sous l'espèce de vaisseaux et de fibres qui sont recouverts d'une matière organique incrustante et agglutinante (vasculose, cutose, pectose, etc...) — Le ligneux trouve sa cause la plus essentielle d'altération dans la grande affinité de son carbone pour l'oxygène ; affinité qui est favorisée par des alternatives de sécheresse et d'humidité et qui a pour résultat final la désorganisation de la matière fibreuse ; le bois perd alors de sa résistance, le fibre se désagrège et tombe en poussière grisâtre.

La pectose et l'acide pectique à l'état de pectate de chaux, font partie du ciment organique qui relie entre elles sous forme de faisceaux, les fibres corticales d'un grand nombre de plantes filamenteuses utilisées.

La pectose comme la cellulose est insoluble dans tous les dissolvants neutres, mais elle a la propriété de se transformer sous diverses influences en produits gélatineux solubles. Soumise à la double action de la chaleur et des acides, elle se transforme en pectine, corps neutre, incolore, soluble dans l'eau, puis en acide pectique $C^{32}H^{48}O^{32}$ et toute une série de corps devenant de plus en plus acides à mesure qu'ils s'éloignent davantage de leur origine. Ces corps peuvent se présenter dans l'ordre suivant : parapectine, métapectine ou acide parapectinique, acide pectonique, acide pectique, acide parapectique et acide métapectique.

2° La *sève* qui garnit les cavités cellulaires du tissu organique, se compose d'une quantité importante d'eau tenant en dissolution les matières minérales et organiques (azotées, grasses et sucrées). La sève passe par *endosmose* et non par capillarité du sol dans les racines, circule ensuite dans les diverses parties du végétal pour lui transmettre les différentes substances minérales dissoutes, que l'on retrouve dans les cendres ; ce liquide est donc une des parties essentielles de la vitalité du bois. Après abatage du bois, la sève subissant l'affinité de son carbone élémentaire pour l'oxygène et de son azote pour l'hydrogène, créé un milieu favorable et un aliment à la nourriture du ver et au développement des végétaux cryptogamiques, causes nouvelles et puissantes de l'altération du bois.

Le liquide sèveux représente en poids une proportion du bois variant de 18 0/0 (charme) à 50 0/0 (peuplier).

On connaît donc aujourd'hui non seulement les causes chimiques et physiologiques de l'altération du bois, mais on a trouvé le remède au mal. On a reconnu depuis longtemps qu'un bois bien sec mis en œuvre, est beaucoup moins sujet à se décomposer qu'un bois humide encore imprégné de sève. Ces observations ont conduit à soumettre le bois avant son emploi ou à la dessiccation naturelle ou à la dessiccation artificielle et rapide.

Jusqu'en ces dernières années, la première méthode, la plus simple, celle d'exposer à l'air les bois pendant un temps plus ou moins long, avait donné de bons résultats. Malheureusement le séchage naturel, qui demandait un laps de temps considérable, surtout pour les épaisseurs moyennes et fortes et pour les essences dures, nécessitait des terrains immenses pour empiler ces bois ; de plus des pertes par déchets provenant des fentes aux extrémités venaient augmenter le prix de revient des bois secs. Ceci explique la quantité innombrable de traitements en vue d'obtenir le séchage rapide du bois dans les meilleures conditions possibles.

Vouloir décrire tous les procédés qui ont été pratiqués dans cette industrie, serait trop nous écarter du sujet qui nous intéresse particulièrement.

Paulet dans son intéressant Traité de la conservation des bois, décrit 173 méthodes dont la plupart ont été brevetés et qui peuvent se rattacher aux trois groupes suivants :

1° par *infiltration naturelle* ou par *déplacement*, applicable aux bois sur pied ou récemment abattus ;

2° par *pression à l'air libre*, applicable aux bois en grumes, ou par *pression en vase clos* applicable aux bois secs.

3° par *application superficielle* d'agents antiseptiques (par carbonisation, immersion ou enduits) utilisable pour tous les bois.

Avant d'aborder l'ingénieux *Procédé Nodon et Bretonneau* pour la sénilisation rapide et l'ininflammabilité des bois, nous analyserons rapidement les principales méthodes qui auraient donné des résultats soi-disant appréciables.

Dans le permier groupe nous citerons le *flottage* qui consiste à plonger les pièces de bois dans l'eau ; ce procédé permet de sécher plus facilement les bois car la sève ayant été en partie chassée par l'eau qui l'a remplacée, l'évaporation de cette dernière se fait comme on le suppose plus facilement que l'évaporation du liquide sèveux. Du chêne pour parquet par exemple, qui demanderait 2 ans de séchage à l'air libre, peut être séché en 4 mois après avoir subi l'opération du flottage.

Les bois peuvent être immergés dans une rivière ou un bassin pendant trois à quatre mois soit sous forme de radeaux, soit en péniche que l'on coule sur place et que l'on renfloue ensuite à l'aide de pompes. Si l'installation permet d'élever la température de l'eau d'un bassin à 30° par exemple, l'opération peut se réduire à 15-20 jours.

La vapeur donne également d'assez bons résultats pour le séchage du bois, malheureusement la fibre est en partie attaquée et le bois présente une moins grande tenacité.

Dans le procédé de la *Société du séchage industriel* (1) l'opération du flottage est faite à la vapeur et est suivie du séchage dans un courant d'air tiède.

Le travail consiste à disposer les bois dans une chambre close en maçonnerie, dans laquelle on fait arriver par des tuyaux perforés disposés aux angles, la vapeur fortement détendue pendant environ 48 heures. Sous l'action de l'eau condensée, une partie de la sève sortirait des cellules du bois et l'autre partie se coagulerait. Le résultat obtenu n'est donc pas complet.

Le bois est ensuite séché dans la même chambre en faisant circuler un courant d'air tiède à 30°-35° C jusqu'à parfaite dessiccation ce qui demande une dizaine de jours pour les planches d'épaisseur ordinaire.

Le bois est empilé sur le sol à claire-voie de la chambre en l'inclinant suffisamment afin de donner

(1) Alfred Leclerc. Brevet n° 272.766. — Séchage, 3 décembre 1897.

au liquide sèveux un écoulement déterminé ; chaque pièce de bois est isolée des pièces voisines, ce qui permet à l'air et à la vapeur de circuler librement sur toute la surface du bois. Enfin, pour le séchage, l'air chaud arrive tantôt en haut, tantôt en bas et alternativement par l'une ou l'autre extrémité de la chambre ; il est aspiré à travers les bois et expulsé au dehors par un ventilateur fonctionnant à l'extrémité opposée

Boucherie dans ses procédés de conservation des bois, procédés qui tiennent du 1er et du 2e groupe, utilise tantôt la force osmotique vitale des plantes sur pied, tantôt l'infiltration d'un liquide ou le déplacement de la sève par ce liquide, sur l'arbre récemment abattu.

Dans le 1er cas on pratique à la base du tronc un ou deux traits de scie, ou plusieurs trous assez profonds ; puis on dispose une couronne en terre glaise ou bien on enveloppe le pied d'une bande de toile enduite de caoutchouc et communiquant par un tube à un petit tonneau voisin contenant une solution antiseptique quelconque, pas trop concentrée : la sève, en s'élevant dans l'arbre, entraînerait avec elle le liquide suivant les diamètres des vaisseaux capillaires, l'arbre aspirant le poison comme il aspire l'élément nutritif.

Dans le second cas, si l'arbre est abattu on lui donne une position légèrement inclinée, on fixe au tronc un sac de cuir, aussi imperméable que possible, que l'on met en communication avec un réservoir placé à 10 m.-15 m. de haut. Les résultats sont appréciables mais le procédé est incomplet, la pénétration étant irrégulière, le déplacement de la sève est presque nul dans le cœur.

Par le procédé d'injection de *M. Renard-Perin*, la pièce de bois est sciée nettement aux deux bouts, perpendiculairement à son axe. L'une des extrémités est coiffée d'un sac de toile imperméable dans lequel on verse la solution ; l'autre extrémité s'engage dans un récipient métallique où on fait le vide en y développant une grande flamme par la combustion d'étoupe imprégnée d'esprit de bois et faisant aussitôt l'occlusion complète de l'appareil.

L'aspiration ferait sortir des interstices capillaires les liquides naturels qu'ils renferment, liquides qui seraient remplacés par la dissolution sur laquelle s'exerce la pression atmosphérique. On répète 2 à 3 fois l'opération.

En général les procédés par pression en vase clos se rattachant au 2e groupe, s'effectuent au moyen de cylindres en fonte contenant les pièces de bois ; dans bien des cas on commence par faire le vide dans le cylindre, en contenant une ou plusieurs, puis on y introduit le liquide sous une certaine pression que l'on maintient pendant quelques heures.

Un dérivatif des Procédés Boucherie et Renard-Perin est le procédé nouveau d'*Injection intégrale du bois dans la masse*.

Le tronc ou la grume de bois est enfermé dans une espèce d'autoclave en fonte (Fig. 1) pouvant supporter une pression de 150 atmosphères.

Deux godets tranchants BC et DE s'appuient par la force hydraulique sur les extrémités de la grume ; on injecte le liquide par le tuyau A sous une pression que l'on monte graduellement, en un quart d'heure environ pour le sapin, jusqu'à cent atmosphères ; la grume est entourée de liquide amené au début de l'opération par le tuyau T ; ce liquide est maintenu à la même pression que celui entrant par le godet BC. Le godet DE est à l'air libre. Par l'injection du

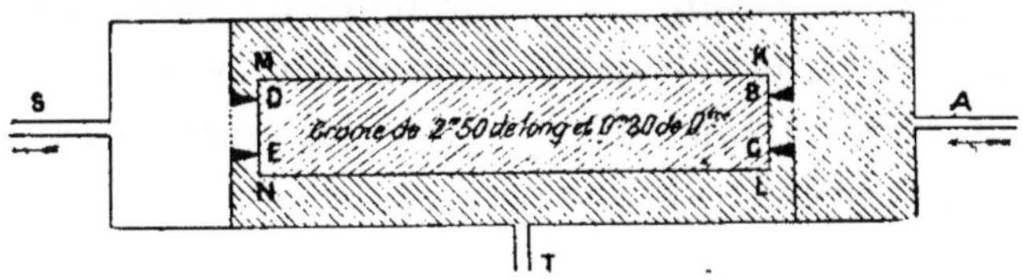

Fig. 1.

liquide en A, il y aurait suivant l'inventeur du procédé, aspiration (?) par la partie annulaire au godet-c'est-à-dire par KB et CL ; les fibres de bois n'offriraient pas de résistance, le liquide entrant par BC agirait par exemple comme la vapeur dans l'injecteur Giffard. Mais à notre avis le liquide soumis à une aussi forte pression, doit chercher très probablement à passer par le chemin le plus court, c'est-à-dire par ND et ME pour sortir par DE. Le bois sera donc irrégulièrement pénétré.

Par ce procédé, quand il ne s'agit que de sécher rapidement les bois, le traitement s'effectue simplement avec de l'eau ; la sève serait expulsée du bois et des chevrons de 10/10, par exemple, sécheraient, suivant les auteurs, en 4 jours, la température de l'air du séchoir étant élevée graduellement jusqu'à 90° c., température à laquelle un commencement de carbonisation se manifeste sur la fibre.

Quoique l'appareil on se sert soit plus coûteux que dans les procédés Boucherie et Renard-Périn, les résultats obtenus doivent être à peu près semblables, la sève que renferment les vaisseaux capillaires du bois n'ayantpas le temps suffisant pour se déplacer complètement par l'osmose nécessaire à cet échange de liquides ; de plus dans ces conditions de traitement rapide, le phénomène d'osmose ainsi produit devient nul dans le cœur des bois tendres et insignifiant dans toute la masse des essences dures ou résineuses.

La *carbonisation* superficielle, procédé qui se range dans le 3e groupe, est précieuse pour les bois durs, qui ne peuvent s'imprégner de matières antiseptiques. Ce traitement est d'une efficacité plus durable. La carbonisation se pratique au moyen d'un jet de flamme qui, par le courant d'air comprimé, forme une sorte de chalumeau et donne alors un fort dégagement de chaleur ; ce jet de flamme chasse l'eau contenue dans les couches superficielles du bois, en sèche les parties fermentescibles, carbonise complètement la partie externe et produit. dans une épaisseur de 1/2 mm. environ, une surface torréfiée, presque distillée et imprégnée des produits de cette distillation, qui sont des matières créosotées empyreumatiques.

Le *séchage à la fumée,* qui se fait dans des sortes de chambres en maçonnerie, chauffées par la combustion de sciure humide qui donne une [illegible]aisse fumée, rend le bois inutilisable dans un grand nombre d'industries, à cause de son odeur désagréable et du peu de résistance de ses fibres qui, là encore subissent un commencement d'altération.

En résumé, de tous ces procédés, si ce n'est le procédé Nodon et Bretonneau, dont nous allons entreprendre l'étude, aucun ne résout d'une façon satisfaisante le problème du séchage rapide des bois ou de la pénétration complète de produits antiseptiques ou ignifuges.

Sénilisation rapide des bois par l'électricité

MM. A. Nodon et A. Bretonneau ne conservant des différents procédés employés jusqu'à ce jour que les principes des meilleurs essais de conservation des bois et s'inspirant de l'expérience de Daniel sur le déplacement d'un globule de mercure par le courant électrique, réussirent à employer utilement l'*électricité* pour modifier les composés de la sève. Par cette force physique qui produit parfois des effets si inattendus, MM. Nodon et Bretonneau parvinrent à introduire, sur le tissu ligneux, une solution saline convenable, qui, après un séchage rapide, assure au bois une résistance aux agents de putréfaction.

Daniel, dans son intéressante expérience, plaçait dans un tube de verre, recourbé à ses extrémités et disposé horizontalement, un globule de mercure baignant dans de l'eau acidulée.

Il amenait ensuite le fil d'une pile à plonger par l'une des extrémités du tube, l'autre fil baignant dans le liquide acidulé de l'extrémité opposée et observait alors un mouvement du globule de mercure qui se déplaçait du pôle positif au pôle négatif.

Après plusieurs années de recherches sur les modifications des parties vitales du bois et aussi sur la disposition à adopter et sur le choix du bain de traite-

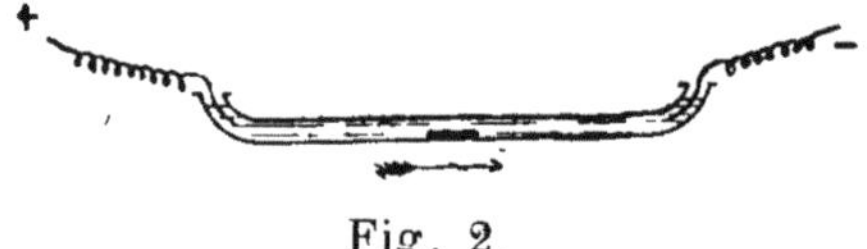

Fig. 2.

ment pour le bois, MM. Nodon et Bretonneau furent amenés, en immergeant les bois placés entre deux électrodes en plomb, à résoudre enfin la difficile question du vieillissement artificiel ou *sénilisation rapide des bois* et *matières fibreuses*. La Société qui exploite actuellement cette importante découverte (1) a édifié à Aubervilliers dans les Magasins Généraux (port et gare) une usine modèle où le séchage des bois par sénilisation artificielel s'effectue depuis plus de deux ans.

Cuves de sénilisation. — L'exploitation industrielle de ce procédé est aussi simple que possible, car le matériel servant au traitement électrique des bios, se compose de cuves, en ciment armé ou en bios, rendues étanches par une chemise intérieure de plomb de 1 mm. 1/2 d'épaisseur, soudée à l'étain ou au plomb et isolée du sol électriquement par de la porcelaine.

(1) Brevet français n° 261.609. Sénilisation rapide du bois, 25 mars 1896. *Idem*, n° 267 262. Procédés de pénétration électro-capillaire des substances fibreuses par les liquides, 25 mai 1897.

Leurs dimensions à l'usine d'Aubervilliers sont de 6 m. et 12 m. de long, de 3 m. de large sur 1 m. de profondeur.

Un serpentin en cuivre placé horizontalement dans le fond de la cuve, permet de chauffer le bain de traitement au moyen de vapeur amenée, par une

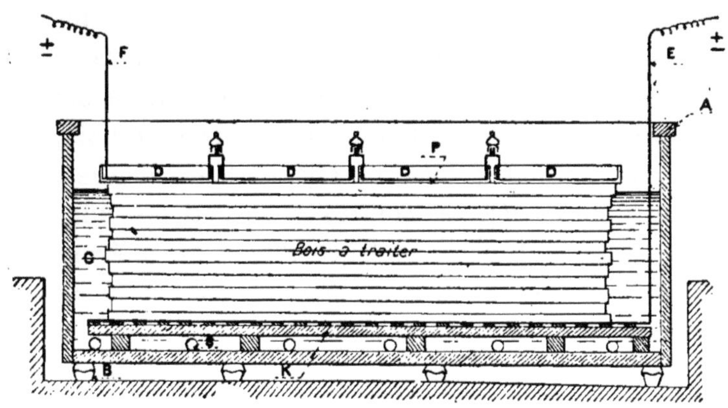

Fig. 3.

A Cuve dans laquelle se fait le traitement électrique.
B Godets isolateurs en porcelaine.
C Bain de traitement.
D Récipients à fonds poreux, contenant l'électrode supérieure.
E Electrode supérieure.
F Electrode inférieure.
K Faux fond à claire-voie sur lequel reposent les bois à traiter.
P Fonds poreux.
S Serpentin à vapeur.

conduite générale qui est reliée extérieurement au serpentin en cuivre par des raccords facilement démontables, de façon à porter à environ 35°C. la température de la solution saline, pendant l'opération de chargement et déchargement des bois et isoler ensuite les serpentins et par conséquent la cuve de traitement de la conduite générale de vapeur.

Le chargement des bois que l'on désire placer dans la cuve, est préparé extérieurement sur des faux-fonds mobiles, sortes de châssis à claire-voie, recouverts d'une feuille de plomb de 1 à 2 mm. d'épaisseur, formant la première électrode. Les bois en grumes peuvent être traités avant débit, à la condition de les séparer de leur écorce et de leur faire deux plats parallèles, d'une largeur minimum égale à environ la moitié du diamètre de la pièce de bois,

Les planches ou plateaux sont placés en piles, c'est-à-dire à plat les uns sur les autres,sur les faux-fonds, le plus uniformément possible ; les différentes piles de bois étant de même hauteur, 0 m. 70 au maximum.

Le chargement ainsi préparé est soulevé par le treuil d'un pont roulant, électrique par exemple. les plateaux formant les faux-fonds portant une disposition de crochets, qui leur permettent d'être suspendus sous un cadre en fer fixé sous le treuil. Les bois sont alors amenés au-dessus de la cuve pour y être descendus.

La face supérieure du bois est ensuite recouverte de la seconde électrode formée par une feuille de plomb de 1 mm. d'épaisseur, contenue dans une série de petits bacs plats, nommés *vases poreux*. Ces vases poreux sont constitués par un cadre en bois, de 0 m 90 à 1 m. 25 de long, de 0 m. 75 à 0 m. 90 de large, et de 0 m. 10 de hauteur, fermé à sa partie inférieure par un feutre pris entre deux toiles (la toile à voile par exemple) rabattues et fixées sur les côtés du cadre, sous des lattes de bois maintenues par des vis ; on a ainsi un récipient qui ne laisse pas couler l'eau qu'on y verse, pour assurer le bon contact du bois et de la feuille de plomb, y compris les toiles et le feutre, qui servent alors de véhicule intermédiaire aux différents composés de la sève expulsés du bois pendant l'opération.

Les lames de plomb des différents vases poreux sont reliées entre elles et forment ainsi une électrode continue qui est mise en communication avec l'un des pôles de la dynamo, l'autre pôle étant relié à l'électrode inférieure.

La cuve est ensuite remplie de la solution employée pour le traitement des bois, elle peut être quelconque, antiseptique ou formée de sels pour rendre les bois ininflammables. Celle en usage à Aubervilliers pour la sénilisation proprement dite est une solution chauffée à 35°C. de sulfate de magnésie cristallisée.

80 parties d'eau.
20 » sulfate de magnésie.

Les bois plongent dans cette solution et n'émergent de la surface du bain que de quelques centimètres (3 cm. à 8 cm.), la face inférieure de la planche ou du plateau supérieur de chacune des piles de bois à séniliser, devant toujours être mouillée par la solution.

Ce bain de traitement peut servir indéfiniment, à condition de le régénerer au moyen de sulfate de magnésie, suivant la densité du liquide ou de sa teneur en sel. Tous les mois environ, on amène le bain à l'ébullition pour coaguler et en séparer aisé-

Cette solution de sulfate de magnésie étant employée depuis environ deux ans, nous rappellerons les deux bains de traitement qui l'ont précédée et qui ont été abandonnés à la suite de nouvelles recherches entreprises en juin 1899.

1° Traitement mixte, en abaissant graduellement et jusqu'à la fin de l'opération le niveau du liquide, par un bain de savon d'oléine à 15 0/0 et à une température de 40°C., puis d'une solution d'alun de soude à 20 0/0 (40°C.). séparé du précédent par un lavage à l'eau tiède. Ce traitement assez dispendieux et rendant le bois savonneux, fut remplacé par un seul traitement dans un bain formé de :

10 0/0 de borax et
5 0/0 résinate de soude { 5 0/0 de résine.
1 0/0 carbonate de soude Solvay.

Le courant électrique traversait la masse du bois de bas en haut ; sous son influence il se produisait une endosmose et la solution employée semblait être déplacée, suivant le sens du courant, à travers la masse du bois, chassant devant elle la sève qui venait ou bien dans le vase poreux, ou bien surnager à la surface du bain.

Sous l'action de l'électricité la solution de bororésinate avait l'inconvénient de laisser déposer de la résine : 1° Sur la surface du bois, résine que l'on devait enlever par grattage et lavage pour permettre aux bois de sécher assez rapidement; 2° sur la fibre elle-même, ce qui endommageait trop vivement les outils dont on se sert pour travailler le bois.

Dans le traitement au sulfate de magnésie, le courant continu employé est de 110 volts, mais au lieu ment les matières organiques provenant des bois traités.

de le faire circuler dans le bois en lui conservant toujours le même sens, on l'alterne soit toutes les heures, soit toutes les deux heures ou encore en faisant passer le plus exactement possible, de haut en bas, la moitié de la quantité de chevaux électriques nécessaires à l'opération, puis l'autre moitié de bas en haut.

La durée du traitement par l'électricité est proportionnelle à la résistance électrique du bois qui varie généralement suivant sa nature, son épaisseur et son degré d'humidité. Comme dans les procédés d'injection, l'opération est d'autant plus prompte et plus complète, pour n'importe quelle essence, que les bois sont de coupe récente, c'est-à-dire que la sève qu'ils contiennent n'a pas encore subi de modifications.

Le traitement en cuve, de la sénilisation des bois, est complètement terminé lorsque 6 chevaux-heures électriques, soit environ 4.500 watts-heures, ont passé par mètre cube de bois. Il peut varier de 7 à 14 heures, l'intensité du courant électrique étant maintenu généralement entre 4 et 6 ampères, ce qu'on obtient en augmentant ou diminuant la partie émergeante du bois.

Phénomènes produits pendant le traitement électrique

S'en rapportant à l'expérience de Daniel, l'électricité produit sur les cellules du bois des mouvements de contraction et de dilatation.

1° une partie du sulfate de magnésie de la solution employée pénètre par *électro-capillarité* dans les cellules plus ou moins vides de sève ;

2° sous l'influence du courant électrique il y a un échange *osmotique* entre les substances salines de la sève et le sulfate de magnésie ;

3° Action électrolytique sur les ferments de décomposition et de putréfaction que renferme le bois ;

4° enfin et la plus importante, électrolyse simultanée des sels organiques renfermés dans la sève, des matières incrustantes du bois et du sulfate de magnésie employé ; l'électricité favorisant le contact des réactifs avec les fibres ligneuses, les sels et l'oxyde métallique se déposent et s'unissent à cette matière fibreuse, comme l'alun par exemple mordance les étoffes. Elle se trouve ainsi englobée et protégée de l'action de l'air, la fibre ligneuse contenant des phosphates qui contribuent à cette précipitation.

Par le renversement du sens du courant électrique, les acides formés coagulent l'albumine, la matière azotée étant toujours accompagnée de soufre et de phosphore, le métal s'unit à ces 2 métalloïdes et les phosphures et sulfures formés rendent cette matière azotée impropre à la vie végétale et animale.

Il y a donc formation dans la masse du bois, sous l'influence de cette électrolyse, de nouveaux composés minéraux stables et imputrescibles et cela d'une façon beaucoup plus parfaite que par n'importe quel autre procédé, en empêchant le développement ultérieur des germes déterminant la décomposition du bois.

L'action du courant électrique dans le procédé de *sénilisation du bois* joue donc un rôle considérable. Les essais au microscope et les résultats d'analyses faites sur des bois traités au sulfate de magnésie viennent confirmer la pénétration jusqu'au cœur du bois, des éléments de ce sel sur la matière fibreuse.

Les différentes parties du bois étant d'une constitution hétérogène, les proportions des éléments retrouvés à l'analyse chimique varient d'un point à un autre ; les résultats, ci-dessous, sont les moyennes d'analyses d'échantillons prélevés dans toute la masse d'un même morceau du bois pris comme exemple.

Cendres obtenues par incinération :

Chêne non traité 0.30 0/0.

Chêne traité au sulfate de magnésie 0.90 0/0.

Grisard non traité 0.28 0/0.

Grisard traité au sulfate de magnésie 0.82 0/0.

Par l'analyse des cendres du grisard traité au sulfate de magnésie, on a trouvé : 1° 0,24 d'acide sulfurique combiné, correspondant à 0.60 de sulfate de magnésie cristallisé ; 2° 0,55 de magnésie (MgO), dont une partie 0,10 correspond aux 0,60 de sulfate de magnésie ci-dessus et le reste 0,45 est à l'état libre ou combiné aux acides organiques du bois.

Séchage des bois sénilisés. — Après traitements si les bois sont en grumes, ils sont débités suivant les besoins en planches ou plateaux. Comme ils sont fortement imbibés d'eau, ils sont alors exposés 8 à 15 jours sous un hangar où ils se *ressuient ;* pour cela les planches ou plateaux sont *épinglés,* c'est-à-dire empilés les uns sur les autres en ayant soin de les séparer par deux ou plusieurs lattes en sapin suivant leur longueur, l'épaisseur des lattes de 8 m/m à 25 m/m variant avec l'épaisseur des planches à épingler.

Si l'on dispose d'un emplacement suffisant, on peut laisser ces bois se sécher complètement à l'air ; toutefois ils subissent les alternatives de chaud et de froid de l'atmosphère et l'irrégularité du déplacement de l'air ; il semble donc préférable non seulement au point de vue de la rapidité du séchage, mais encore des résultats, d'épingler ces plateaux après un premier réssuyage au dehors, dans un séchoir où circule un courant d'air chauffé constamment pendant 2 à 8 semaines, toujours suivant les épaisseurs, à une température que l'on augmente graduellement jusqu'à 35°-40° C, pendant toute la durée du séchage.

Les bois sortent de là complètement secs et prêts à être utilisés.

Principaux avantages de la sénilisation rapide sur le séchage naturel des bois. — Si l'on compare au microscope un bois sénilisé et un bois, de même nature, non traité et séché simplement à l'air libre, on remarque que les cellules du bois sénélisé ont subi un rétrécissement ; sa texture rendra donc moins facile l'accès de l'air ; en outre les matières albuminoïdes primitives n'existant plus, le bois ne jouera, ni ne subira les influences de l'état hygrométrique de l'air et pourra alors se conserver sans altération et résister à la putréfaction et à l'attaque des insectes.

Ces propriétés qu'acquiert le bois par la sénilisation ont été confirmées par des essais de *résistance* qui concluent à une augmentation de la ténacité de la matière fibreuse. Des expériences pratiques entreprises il y a deux ans par le service du Pavage en bois de la ville de Paris ont consacré définitivement ce procédé de pénétration. Des pavés de hêtre sénilisé et des pavés de hêtre simplement créosoté ont été placés bien distinctement en plusieurs endroits de Paris notamment à la Porte-Saint-Martin.

Relevé il y a quelque temps, le hêtre sénilisé n'a pour ainsi dire présenté aucune altération dûe à la putréfaction habituelle et s'être comporté à l'usure avec plus de résistance que le hêtre non sénilisé.

Par la sénilisation la *coloration* du bois n'est pas modifiée et sa *sonorité* a augmenté dans une proportion telle, qu'il est maintenant recherché pour fabriquer les instruments de musique.

L'emploi du procédé Nodon-Bretonneau fait non seulement acquérir au bois les qualités que nous venons d'énumérer, mais il a encore l'avantage de procurer une sérieuse économie sur les méthodes employées jusqu'ici et notamment sur le séchage à l'air libre par suite de la suppression du capital représentatif de la valeur du bois, des emplacements occupés, de la diminution de déchets, etc., etc.

Ce procédé ne s'applique pas seulement au séchage rapide du bois, il permet en modifiant les conditions de traitement, d'augmenter telle ou telle des qualités citées précédemment suivant les essences et suivant l'usage auquel le bois est destiné, en observant bien entendu que pour les bois à tissu serré, le phénomène d'endosmose est plus faible que pour les bois à tissu lâche, tandis que le phénomène d'exosmose garde toujours sa valeur.

En sénilisant dans un bain de phosphate et de borate de soude par exemple, on pourra augmenter la dureté du bois. A l'aide du sulfate de zinc on introduira sur la fibre du bois une quantité de sel variant avec le titre de la solution et la durée de traitement; on donnera alors au bois une résistance qui lui permettra d'être employé avec succès concurremment au créosotage pour le *pavage en bois*, les *traverses* de chemins de fer, les planches de wagons à bestiaux, les poteaux télégraphiques, etc., etc.

Enfin par ce traitement électrique on pourra augmenter l'ininflammabilité du bois en employant par exemple des sels ammoniacaux.

Imputrescibilité des bois

Les procédés employés généralement pour rendre les bois très réfractaires à la décomposition sont, comme nous l'avons dit, trop imparfaits; dans la préparation des poteaux télégraphiques ou des traverses de chemins de fer le sulfate de cuivre employé ne pénètre que dans les couches superficielles des bois; de plus ce sel, tout en étant lentement dissous par l'humidité, attaque à tel point les tire-fonds que les filets de ceux-ci s'arrachent du bois. — Dans le traitement à la créosote qui donne des résultats plus appréciables, le bois est soumis à une température élevée qui lui enlève une partie de sa résistance; l'aubier s'imprègne bien de ces huiles lourdes de goudron, mais laisse le cœur, qui par la suite s'attaque facilement à travers les gerces inévitables des bois ; la créosote est une substance chère et très inflammable ; son odeur forte fait écarter l'emploi des bois traités par ce produit de certaines installations comme par exemple dans la construction des nouvelles lignes de chemins de fer du Métropolitain de Paris.

L'imputrescibilité des bois est obtenue par les Procédés Nodon Bretonneau, en employant une solution à 35 0/0 de sulfate de zinc cristallisé. Dans la sénilisation des plateaux de hêtre qui doivent être ensuite débités en morceaux d'environ 0 m 15 de long pour e pavage en bois, les bois sont traités en cuve dans le bains de sulfate de zinc, chauffé à environ 40° c. comme dans la sénilisation ordinaire. Le courant électrique est de même force électromotrice, on le fait passer également, moitié du temps dans un sens, moitié dans l'autre jusqu'à ce que 10 chevaux-électriques-heures aient passé par stère de bois, ce qui ramène la durée du traitement à 14-16 heures.

Pour les poteaux télégraphiques qui doivent être traités couchés dans la cuve, les vases poreux épousent légèrement la forme ronde de ces bois.

Quant au traitement des traverses de chemins de fer, il dure environ 24 heures lorsque ces traverses sont en hêtre, les bois étant retournés sens dessus dessous au milieu de l'opération ; la teneur en sel de la solution étant pour ce traitement, calculée suivant la quantité de sulfate de zinc que l'on désire fixer dans la masse du bois.

Des expériences très intéressantes ont été faites il

y a quelques temps : un morceau de traverse de chemins de fer, d'une des principales Compagnies anglaises, a été sénilisée au sulfate de zinc ; cette traverse de sapin traitée à la créosote avant d'être mise en service, s'était trouvée au bout de quelques années dans un état voisin de la pourriture et serait dans peu de temps tombée en poussière. Après l'avoir sénilisée par le procédé Nodon-Bretonneau pendant **24** heures dans une solution de sulfate de zinc à 50 0/0, le bout de traverse avait absorbé 18 0/0 de solution, quantité plus que suffisante pour permettre à ce bois de résister pendant encore plusieurs années à tous les agents de décomposition auquel il peut être soumis.

Ces essais ont été tellement concluants qu'ils ont décidé cette Compagnie anglaise à retirer des voies principales une partie de ces traverses déjà fortement endommagées et à les faire séniliser au sulfate de zinc pour ensuite les utiliser dans les voies secondaires.

Ignifugation des bois

D'une façon générale il est impossible de rendre le bois complètement incombustible, mais on peut lui donner une immunité presque absolue contre les atteintes du feu.

Gay-Lussac (1) fut l'un des premiers savants qui

(1) *Annales de Chimie et de Physique* (tome VIII, année 1821).

indiqua les principales conditions indispensables pour que les matières organiques en général, les tissus et les bois en particulier, soient réellement ininflammables.

1° Pendant toute la durée de l'action de la chaleur, les fibres doivent être garanties du contact de l'air qui en déterminerait la combustion ; la présence des borates, silicates, etc., font acquérir cette propriété aux corps organiques;

2° les gaz combustibles dégagés par l'action de la chaleur doivent être mélangés dans une assez forte proportion avec d'autres gaz difficilement combustibles, de façon que la destruction du corps par la chaleur se réduise à une simple calcination, sans production de flamme. Les sels volatils ou décomposables par la chaleur et non combustibles comme certains sels ammoniacaux, donnent alors d'excellents résultats.

De nombreux procédés ont été indiqués pour combattre l'inflammabilité des tissus organiques. les uns consistent en applications d'enduits extérieurs, les autres en injection sous une certaine pression de dissolutions salines.

Par la simple application d'enduits superficiels, on n'obtient qu'une protection illusoire, car ces badigeons, au lieu d'ignifuger les objets sur lesquels on les applique, ne les préservent que provisoirement d'une flamme légère ; la résistance au feu n'étant que d'une forte courte durée, ces enduits s'écaillent ou sont rapidement réduits en cendres et mettent à nu ce qu'ils recouvraient ; il arrive encore que très souvent ces sortes de badigeons ont disparus complètement lorsque le feu se déclare : l'*usage de pareils procédés peut donc devenir funeste en raison de la fausse sécurité qu'ils apportent.*

A titre documentaire nous citerons quelques formules de ces enduits dont malheureusement l'usage est encore préconisé de nos jours pour certains lieux publics.

L'application de ces enduits peut se faire :

1° par immersion ou imbibition ;

2° par application de couches successives à l'aide du pinceau.

1° Par *immersion* ou *imbibition*, la solution ignifuge recommandée est la suivante :

Phosphate d'ammoniaque	100 gr.	par litre.
Acide borique	10 gr.	—

ou :

Sulfate d'ammoniaque	135 gr.	par litre.
Borate de soude	15 gr.	—
Acide borique	5 gr.	—

pour chacune de ces formules, deux couches seraient nécessaires.

2° Par *application au pinceau* les compositions qui donneraient les moins mauvais résultats seraient les suivantes :

Appliquer à chaud

A	Silicate de soude	100 gr.
	Blanc de meudon	50 gr.
	Colle de peau	100 gr.

ou B, employer successivement et à chaud :

B

1re application :

Eau	100 gr.
Sulfate d'alumine	20 gr.

2e application :

Eau	100 gr.
Silicate de soude liquide	50 gr.

ou C, 1re application, 2 couches à chaud :

Eau	100 gr.
Silicate de soude liquide	50 gr.

2e application, 2 couches à chaud :

C

Eau bouillante	75 gr.
Blanc gélatineux (?)	200 gr.
Malaxer avec Amiante	50 gr.
— Borax	30 gr.
— Acide borique	10 gr.

Les peintures à l'huile rendues ininflammables par l'addition de phosphate d'ammoniaque et de borax incorporés à la masse sous forme de poudres impalpables, le mortier de plâtre et d'amiante, la peinture à l'asbeste, ont été et sont avec regret encore employés pour préserver momentanément les bois d'un incendie passager et très limité.

On a cherché en Amérique, en Angleterre et en Russie notamment à faire pénétrer sous de fortes pressions, des solutions convenablement préservatrices à l'intérieur des substances fibreuses ; même de puissantes usines, dans lesquelles on réalise l'ignifugation du bois, se sont montées dans ces différents pays. Malheureusement ce procédé par pression, présente encore le sérieux inconvénient de n'introduire les produits ignifuges que dans la partie externe du bois, la solution ignifuge n'atteignant pas au-delà d'une certaine profondeur assez limitée. Ce procédé consiste à enlever aux bois à l'aide de la vapeur d'eau sous pression, une partie des produits liquides qu'il contient, ce qui provoque une sorte de distillation des produits inflammables, auxquels on substitue ensuite des solutions généralement composées de phosphate ou sulfate d'ammoniaque, d'acide borique ou de borate alcalin.

Là encore, le meilleur résultat a été obtenu par la pénétration électrique des sels. Dans le procédé Nodon-Bretonneau,on arrive à introduire dans toute la masse du bois et cela d'une façon beaucoup plus régulière que par l'injection, même sous une forte pression, des produits ignifuges qui donnent au bois une résistance aux atteintes du feu vraiment exceptionnelle. Cette quantité de produits ignifuges est fonction de la concentration du bain et de la durée du traitement.

A la suite de certaines expériences ,MM. Nodon et Bretonneau ont remarqué qu'un bois est réellement ininflammable, c'est-à-dire qu'il résiste pendant un temps assez long à de très hautes températures, s'il contient suivant sa nature de 15 à 20 0/0 de sels employés.

Ignifugation des bois par l'électricité

Les opérations successives du traitement et les appareils employés pour incorporer les sels ignifuges dans la masse du bois sont à peu près identiques à ceux de la sénilisation proprement dite. Il est absolument nécessaire pour ce traitement que les bois soient à la fois verts et pas trop durs, la pénétration des sels s'effectuant en grande partie toujours par osmose, la sève est alors un facteur important et comme de raison, un bois dur se prêtera mal à l'introduction d'une quantité de substances préservatrices.

Les cuves employées pour l'ignifugation des bois ont en moyenne 4 m. 50 de long, 1 m. 50 de large et 0 m. 70 de haut ; elles peuvent être en ciment armé ou en bois, doublées de plomb comme dans la sénilisation au sulfate de magnésie, mais la solution des sels ammoniacaux est chauffée par un serpentin en plomb durci (au lieu de cuivre), dans lequel circule la vapeur.

A chacune des extrémités de la cuve est une cloison verticale, en plomb perforé de trous qui forme ainsi une espèce de réservoir, de 0 m. 25 de large sur 1 m. 50 de long (largeur de la cuve) dans lequel sont versés les sels ignifuges nécessaires pour maintenir la solution à saturation.

Les bois sont empilés sur l'électrode inférieure jusqu'à une hauteur de 0 m. 15 à 0 m. 20 maximum et recouverts des vases poreux contenant la 2e électrode.

Le bain ignifuge employé est une solution saturée à la température de 80°C. de sulfate d'ammoniaque ordinaire et de borate d'ammoniaque.

La force électromotrice du courant électrique utilisé pour le traitement,ne doit pas dépasser 25 volts.

L'électricité passe dans les bois toujours dans le même sens, de bas en haut.

Suivant les nombreux essais qui ont fixé les constantes du traitement électrique, les meilleurs résultats sont obtenus avec une intensité ne dépassant pas 12 à 16 ampères par stère de bois, c'est-à-dire que l'énergie électrique nécessaire doit être environ de 1/2 cheval électrique par stère en traitement.

La durée totale de l'opération est de 48 heures, réparties en deux périodes égales : au bout de la 1re période, les bois étant retournés sens dessus dessous.

Les bois ainsi traités ont absorbé 15 à 20 0/0 de leur poids des sels du bain ; ces sels pénètrent jusqu'au cœur même des cellules et forment autour de la fibre une véritable gaine.

Si après séchage l'on soumet ces bois à l'action du feu, les sels ammoniacaux qui entourent les fibres fondront ; la chaleur augmentant, la matière fibreuse se carbonisera lentement et les produits gazeux résultant de la décomposition des sels ammoniacaux empêcheront l'inflammation des produits combustibles provenant de la calcination de la fibre ; en un mot le feu se limitera aux points attaqués et ne se propagera pas aux fibres voisines.

Des essais officiels réalisés à Paris en 1900 par l'état-major des sapeurs-pompiers ont été nettement démonstratifs. Voici en quoi ils ont consisté : sur la demande de la commission d'examen, les inventeurs avaient fait construire un certain nombre de petites caisses cubiques de 0 m. 50 de côté en planches ignifuges de sapin et de peuplier de 26 mm.

d'épaisseur ; le fond de ces caisses était percé de 5 trous.

L'une des caisses fut remplie d'un kilo de copeaux bien secs qui, enflammés, mirent 5 minutes à se consumer et développèrent une assez grande chaleur ; après combustion des copeaux, on constata alors que les parois extérieures de la caisse étaient restées froides et que l'intérieur n'avait été carbonisé que sous une épaisseur de 1 mm. Aucun point ne restait en ignition et le bois ne s'était disjoint nulle part sous l'action de cette haute température.

L'expérience renouvelée sur une seconde caisse semblable, contenait un poids double de copeaux ils mirent alors 13 minutes à brûler. La combustion achevée, on remarqua que l'intérieur de la caisse était rouge, mais qu'aucune flamme ne se propageait à la surface des planches.

On fit une troisième expérience avec une caisse de bois blanc ignifuge, à l'intérieur de laquelle on fit brûler cette fois 3 kilos de copeaux ; l'essai dura 30 minutes et l'on put voir que si l'intérieur de la caisse était incandescent et ses parois carbonisées sur 5 à 6 mm. de profondeur, l'extérieur était simplement chaud.

L'essai répété avec une caisse en sapin non ignifuge et ne contenant qu'un kilo de copeaux, se terminait au bout de 3 minutes par un petit incendie que l'on fut obligé d'éteindre avec de l'eau.

Ces remarquables résultats sont donc des plus concluants

Un morceau de bois ignifuge soumis à l'action de l'arc électrique se carbonise simplement aux points de contact avec l'arc, tandis que le bois non traité s'enflamme de suite et donne de longues flammes.

Avant de terminer, nous citerons encore les curieuses expériences sur la résistance au feu de certains matériaux de construction, faites devant les officiers de sapeurs étrangers présents à Paris en août 1900, et auxquelles assistait la commission technique d'incendie. Une bâtisse carrée, en ciment armé, avait été édifiée et remplie de 7 à 8 stères de bois enduit de pétrole ; elle était munie sur une de ses faces d'une porte en bois tôlée, sur un second côté d'une porte en bois ignifugé par le procédé Nodon-Bretonneau et sur un troisième côté, d'une fenêtre en verre armé, c'est-à-dire en verre coulé sur une toile métallique.

On mit le feu au bois empilé dans cette bâtisse puis on l'éteignit après avoir attendu que la température intérieure se fût élevée à 1400° environ. La porte de bois ignifuge ne s'est consumée qu'en une heure de temps et même au plus fort de l'incendie on pouvait en approcher la main ; quant à la porte tôlée, elle s'est très vite gondolée et a laissé tellement passer la chaleur que des caisses en bois ordinaire, placées devant elle à 3 mètres de distance, ont été incendiées. Cette expérience a permis de constater *officiellement* que le bois ignifugé résistait au feu d'une manière très remarquable et qu'une porte en bois incombustibilisée par le procédé Nodon-Bretonneau offrait des garanties d'isolement de beaucoup supérieure aux portes en fer et même en bois tôlé.

Grâce à cette méthode de pénétration, on trouve enfin une sécurité complète, même dans le cas où le bois ignifuge est exposé aux intempéries. Des moulures en bois destinées à recevoir les fils électriques peuvent être au préalable ignifugiées, on évite alors par les courts-circuits qui se forment trop souvent sous ces moulures en sapin, ces commencements d'incendie qui malheureusement sont devenus très graves.

Le bois ainsi rendu ininflammable est imputrescible, sa ténacité est plus grande mais il se laisse encore facilement travailler. Il se colle parfaitement et peut recevoir la peinture comme le vernis, qu'on désire y appliquer pour empêcher la pénétration de l'humidité de l'air et supprimer complètement la décomposition des sels ammoniacaux.

Cette méthode nouvelle d'ininflammabilité d'une application simple, comme on a pu s'en rendre compte, tout en élevant sensiblement la valeur de la matière, n'est point cependant d'un prix de revient prohibitif. L'expérience en effet a permis de constater qu'à surface égale, le coût de l'ignifugation des bois par le procédé Nodon Bretonneau est inférieur à l'ignifugation par les autres méthodes en usage et qu'aujourd'hui il devient loisible de recourir à l'emploi du bois en de nombreuses circonstances, là où l'on s'était trouvé fatalement amené, comme sur les navires de guerre en particulier, à faire usage de métal.

LAVAL. — IMPRIMERIE PARISIENNE L. BARNÉOUD & Cie